MARTINA GEHRET (LBV)

Empfohlen vom Landesbund für Vogelschutz LBV

Igel ganz nah

Wie er lebt & wie man ihn schützen kann

blv

Inhalt

Liebe Leserinnen und Leser,

jeder kennt ihn – den Igel. Und doch wissen wir viel zu wenig darüber, wie der sympathische Stachelritter in der heutigen Landschaft zurechtkommt. Der Insektenfresser ist nämlich ein ziemlicher Heimlichtuer und lebt als dämmerungs- und nachtaktives Tier lieber im Verborgenen. Als Naturschützerin fasziniert mich jede Tierart, aber ganz besonders unser heimischer Braunbrustigel. Warum das so ist, verrate ich Ihnen gerne: Der Igel ist wie kein anderes Tier ein absoluter Überlebenskünstler! Erdgeschichtlich gesehen ist der Igel ein Urgestein, und obwohl sich sein Lebensraum in den letzten Jahrzehnten stark verändert hat, ist sein Biorhythmus gleich geblieben. Das heißt, jeder Igel, egal ob aus der Großstadt oder aus dem Dorf, versucht die nahrungsarme Zeit mit einem echten Winterschlaf zu überleben. Durch das Mitmach-Projekt »Igel in Bayern« des Landesbundes für Vogelschutz (LBV) erhielt ich die Chance, mich sehr intensiv mit dieser Tierart zu beschäftigen. Ziel des Projekts ist es herauszufinden, wo der Igel in Bayern lebt und wie er in seinem Lebensraum zurechtkommt. Bisher haben rund 20 000 Menschen an dem Projekt teilgenommen. Viele von ihnen haben mir dabei ihre Geschichten und Erlebnisse erzählt. Und dieses Gehörte, Erlernte und auch persönlich Erlebte habe ich für Sie aufgeschrieben. Fotografisch unterstützt haben mich dabei meine Freunde Peter Lippke und Martin Seidl. Dieses Buch soll am Beispiel der Igeldame »Wilma« erklären, wie der Igel wirklich lebt und wie man dazu beitragen kann, das Leben unserer Gartenfreunde zu verbessern.

Viel Spaß beim Lesen wünscht Ihnen

Wie alles begann

Unser Fundtier wurde in einem Karton zu mir gebracht. Das passiert nicht selten. Viele Menschen sorgen sich um Igel, die in der kalten Jahreszeit draußen scheinbar hilflos umherlaufen, und suchen eine Igelstation auf.

Eine raschelnde Kiste

Der November ist für den Igel ein Monat mit Tücken. Die Tage sind oft grau und nass, die Nächte lang und ungemütlich. Die letzten Blätter fallen zu Boden und liefern wichtiges Nistmaterial für den Igel, der zu dieser Jahreszeit am liebsten mit einem vollen Bäuchlein im Trockenen sitzt. Unerfahrene Jungtiere haben aber ihre Probleme mit dem rechtzeitigen Wohnungsbau. Durch die ständige Suche nach Insekten und anderen Futtertieren im Herbst bleibt oft wenig Zeit für die Quartiersuche.

Und genau hier beginnt unsere Geschichte: Am 21. November stand eine nette Dame aus Mittelfranken ganz aufgeregt mit einem raschelnden Karton in der Hand vor meiner Bürotür. Am frühen Morgen, als sie gerade die Zeitung holen wollte, hatte sie am Rand einer stark befahrenen Dorfstraße einen bewegungslosen Igel gefunden: »Müssten die Igel nicht schon im Winterschlaf sein?«, fragte sie mich verunsichert.

Es ist eine weit verbreitete Meinung, dass die Tiere um diese Zeit schon schlafen müssten. Leider entspricht das nicht der Wahrheit. Denn viele spät geborene junge Igel irren bis weit in den Dezember hinein umher – immer noch auf der Suche nach Futter und einer Unterkunft. Helfen kann man ihnen durch Zufütterung im Garten, was im Herbst eine große Hilfe für die Tiere ist und als Unterstützung in den meisten Fällen auch ausreicht. Aber dennoch gilt: Ein kranker Igel wird durch die Fütterung allein nicht gesund. Er braucht Wärme und medizinische Versorgung.

Der erste Check-up

Ich untersuchte unseren Fundigel erst einmal am ganzen Körper auf Verletzungen und Parasiten. Dass er sich bei Berührung zusammenrollte, ist normal und sogar ein gutes Zeichen.

Es gibt eindeutige Merkmale dafür, wann ein Igel Unterstützung braucht: Tagaktives Verhalten und eingefallene Flanken oder eine »Hungerfalte« hinter dem Kopf weisen auf Unterernährung oder Krankheit hin. Der Igel im Karton machte dagegen einen munteren und wachen Eindruck. Auf den ersten Blick entdeckte ich jedoch eine Vielzahl von Zecken und Flöhen. Mit Handschuhen nahm ich den kleinen Igel aus der Kiste, der sich daraufhin blitzschnell zusammenrollte. Dieser Reflex funktionierte also schon mal sehr gut. Zum Glück waren keine Fliegeneier, Maden oder Verletzungen zu sehen. Ich streichelte dem Tier mehrfach von vorne nach hinten über das Stachelkleid, damit es sich wieder entrollte. Viele sehr hungrige Igel verlieren ihre Scheu vor dem Menschen und rollen sich erst gar nicht ein. Nach eigener Erfahrung kann das aber ein Anzeichen für eine Krankheit sein. Gesunde Igel wollen mit uns Menschen lieber nichts zu tun haben. Der kleine Igel in meiner Hand jedenfalls rollte sich schnell wieder aus. Es handelte sich um ein hübsches, aber unterernährtes Igelmädchen. Ich schätzte sein Gewicht auf 300 Gramm – zu wenig für Ende November.

Warmes Bäuchlein

Igel, die im Spätherbst oder Winter gefunden werden, sind oft unterkühlt. Das war auch bei unserem Igelmädchen der Fall. Sein Bäuchlein fühlte sich wesentlich kühler als meine Handfläche an. Das Tier musste aufgewärmt werden. Also holte ich meine Igel-Notwärmflasche aus der Schreibtischschublade und befüllte sie mit handwarmem Wasser. Danach legte ich die Wärmflasche zurück in die Kiste und setzte das Findelkind darauf. Sofort hatte man den Eindruck, dass sich Wilma – so hatte meine Bürokollegin Carola Bria den Igel getauft – wohler fühlte. Jetzt brauchte sie erstmal Ruhe. Aufgrund ihres geringen Gewichts und der Menge an Außenparasiten entschied ich mich, Wilma vorerst eine Nacht aufzunehmen, die Zecken zu entfernen und ihr gutes Futter und Erholung zu gönnen. Ich verabschiedete mich deshalb von der Igelfinderin und versprach ihr, sie auf dem Laufenden zu halten. Dann würden wir sehen, wie es weitergeht. Während sich Wilma in meinem Büro aufwärmte, beantwortete ich noch ein paar E-Mails. Um die Mittagszeit beendete ich vorzeitig meinen Arbeitstag und fuhr mit Wilma nach Hause. Die vielen Zecken machten mir nun doch Sorgen. Die mussten jetzt erstmal entfernt werden.

Ob ein Igel unterkühlt ist, lässt sich ganz einfach feststellen: Wenn sich die Bauchunterseite des Fundtiers deutlich kühler als die eigene Hand anfühlt, dann muss der Igel unbedingt aufgewärmt werden.

Für die Pflege eines hilfebedürftigen Igels reicht Tierliebe alleine nicht aus. Igelfinder sollten sich in jedem Fall die nötige Sachkenntnis aneignen oder im Zweifelsfall fachkundigen Rat einholen.

Igelhilfe – was ist erlaubt?

Im Grunde ist die Igelpflege kein Hexenwerk, aber dennoch eine große Verantwortung, der man gewachsen sein muss. Die Betreuung, die sich manchmal über mehrere Monate hinzieht, kostet Geld, Geduld und Nerven. Jeder, der einen Igel pflegt, muss sich die nötige Sachkenntnis vorher aneignen. Igel sind Wildtiere und brauchen, wenn sie krank sind, eine spezielle medizinische Versorgung. Die Stachelritter gehören sogar zu den besonders geschützten Tierarten und stehen in Deutschland unter dem Bundesnaturschutzgesetz. Gemäß § 44 ist es verboten, Igel aus der Natur zu entnehmen. Aber es gibt Ausnahmen. Verletzte, kranke oder hilflose Tiere brauchen wirklich Hilfe und dürfen aufgenommen und gepflegt werden. Sobald sie wieder alleine zurechtkommen, müssen sie unverzüglich in die Freiheit entlassen werden.

Im Klartext

Im Klartext heißt das: Wer einen Igel findet und sich unsicher ist, ob das Tier Hilfe braucht oder nicht, muss sich mit der Biologie der Tiere befassen. Wer dann immer noch Zweifel an dem Gesundheitszustand des Igels hat, kann ihn eine Nacht mit ins Haus nehmen und dort angemessen unterbringen (siehe Seite 44). Igel, die selbst zurechtkommen, werden während der Nacht das angebotene artgerechte Futter (siehe Seite 46) fressen und feste, dunkelbraune bis schwarze Kotwürstchen absetzen. Ist das der Fall, muss das Tier an den Fundort zurückgebracht werden. Kranke und verletzte Tiere gehören dagegen in fachkundige Hände.

Kleine Igelbiologie

Unser Braunbrustigel gehört zur Familie der Igel. Die Unterfamilie »Stacheligel« besteht sogar aus fünf verschiedenen Gattungen und 16 Stacheligelarten, die verteilt in Europa, Teilen Asiens und in Afrika leben.

So siehts aus

Der Braunbrustigel *(Erinaceus europaeus)* lebt in West- und Mitteleuropa. Sein Stachelkleid ist beige-braun gebändert, wird im Übergang zum Bauch immer feiner und schließlich zu braungrauen Haaren. Er besitzt eine spitze Schnauze, rundliche Ohren und kleine, dunkle, vorstehende Augen. Igel sind Sohlengänger, an Vorder- und Hinterpfoten haben sie jeweils fünf Zehen. Die Krallen an den Zehen eignen sich perfekt zum Fangen von Insekten und zum Wühlen nach Regenwürmern und Larven. Von seinem kurzen Rüssel bis zum Stummelschwanz misst der Igel 24 bis 28 Zentimeter. Manche Tiere können auch über 30 Zentimeter lang werden. In der Regel sind es die Männchen, die größer und schwerer sind. Erwachsene Tiere wiegen zwischen 800 und 1500 Gramm. Erst mit zwei Jahren sind sie ausgewachsen und haben ihr endgültiges Körpergewicht erreicht.

Die Igelbeine sind ungefähr 15 Zentimeter lang, meistens sind sie aber angewinkelt und wirken deshalb äußerlich betrachtet relativ kurz. Trotz schlanker, aber kräftiger Beinchen können Igel flott unterwegs sein und Geschwindigkeiten von bis zu sieben Kilometer pro Stunde erreichen. Gesunde Tiere sind nachtaktiv, reagieren auf äußere Reize, besitzen eine feuchte Nase und einen wohlproportionierten, birnenförmigen Körper. In freier Wildbahn wird unser Igel durchschnittlich zwei bis vier Jahre alt. Die Jungensterblichkeit ist sehr hoch. Fachleute schätzen, dass 70 Prozent der Igelkinder den ersten Winterschlaf nicht überstehen. Steht ihnen aber ein richtig guter Lebensraum zur Verfügung, können die Tiere um ein Vielfaches älter werden.

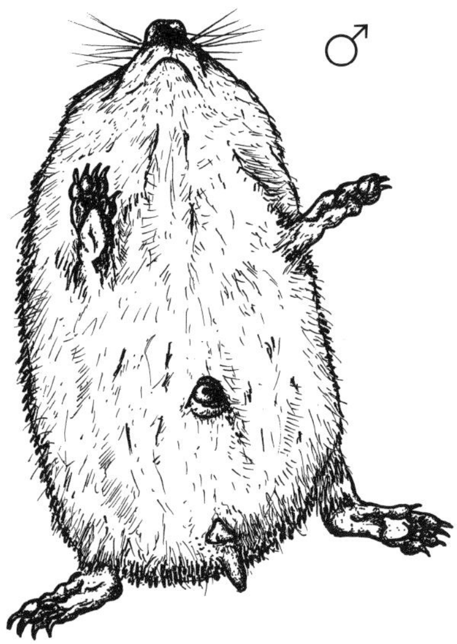

Beim Igelweibchen liegt die Geschlechtsöffnung vor dem After. Der Penis des Igelmannes befindet sich in einer behaarten Hautfalte weiter vorne in der Bauchregion; die Hoden liegen versteckt in der Bauchhöhle.

Der kleine Unterschied

Äußerlich betrachtet lassen sich Männchen und Weibchen kaum auseinanderhalten. Für den Gartenbesitzer ist es auch nicht notwendig, das Geschlecht zu erkennen. Wichtig wird der »kleine Unterschied« erst, wenn man ein vermutlich hilfsbedürftiges Tier während der Sommermonate findet. Weibliche Tiere haben zu dieser Zeit nämlich oft ein Nest mit Igelbabys zu versorgen und dürfen keinesfalls mitgenommen werden.

Lebensraum

Igel sind nachtaktive Insektenfresser, die in kleinräumigen und reich strukturierten Landschaften mit Hecken, Gehölzen, artenreichen Wiesen und vielfältigen Böschungen leben. Durch die zunehmenden landwirtschaftlich hocheffizient genutzten Flächen sucht der Igel sein Glück immer häufiger in unseren Hausgärten. Man bezeichnet ihn deshalb auch als Kulturfolger. Er ist sehr anpassungsfähig und schafft sich neue Lebensräume in unserem direkten Wohnumfeld.

Igel lieben Verstecke aller Art. Sie finden Schlafplätze unter Holzterrassen, unter Sträuchern, Laub- und Holzhaufen oder Geräteschuppen. Egal ob Dorf oder Großstadt – sind für ihn ausreichend Nahrung und Verstecke vorhanden, fühlt sich der Igel wohl. Die Reviergrößen der Stacheltiere variieren stark und sind von verschiedenen Faktoren wie Nahrungsverfügbarkeit und -konkurrenz, Wasserquellen und Wegbarrieren abhängig.

Der Igel ist nicht gerade ein Vegetarier: Er ernährt sich vor allem von fett- und eiweißreichen Insekten, je nach Jahreszeit und Angebot des Lebensraums. Wo viel Gras, Hecken und Sträucher sind, findet er genügend Nahrung.

Speisekarte

Gefressen wird, was verfügbar ist. In der Dämmerung und nachts geht der Igel auf Beutezug und zieht dabei weit umher. Er sucht aber keine Pflanzen, sondern vor allem tierische Kost. Am liebsten frisst der kleine Räuber am oder im Boden lebende Käfer, Raupen, Heuschrecken, Ohrwürmer, Tausendfüßer, Schmetterlinge, Falter und andere Insekten sowie deren Larven. Eher selten bedient er sich an Eiern bodenbrütender Vögel oder frisst Aas. Je nach Jahreszeit und Witterung ändert sich das Angebot und der Speisezettel kann ganz unterschiedlich aussehen. Im Frühjahr, wenn es noch recht kühl ist, ernährt sich der Igel überwiegend von Käferlarven und Regenwürmern. Je milder die Temperaturen werden und je vielfältiger der Lebensraum ist, umso größer ist dann auch der Artenreichtum der Tiere, von denen sich der Igel ernährt.

Bekannt als Schneckenfeind

Der Igel frisst Schnecken – nur nicht besonders gerne. Bei Nahrungsmangel bleibt ihm oft nichts anders übrig. Statt superschleimiger Nacktschnecken bevorzugt er lieber deren Gelege – also die Schneckeneier – und Tiere der kleineren Schneckenarten. Somit reduziert der Igel die ungeliebten Weichtiere im Garten, zählt aber nicht wirklich zum Hauptfeind großer Nacktschneckenarten. Eigentlich frisst er sie nur dann, wenn ihm keine Käfer, Schmetterlingslarven oder Regenwürmer zur Verfügung stehen. Die sind nämlich seine Hauptenergielieferanten.

Reviergrößen

In ländlichen Gegenden nutzen männliche Igel eine Reviergröße von bis zu 100 Hektar. Der Aktionsraum der Weibchen ist mit 30 Hektar wesentlich kleiner. Ein einzelner Garten reicht keinem Igel. Daher ist es besonders wichtig, Durchschlüpfe in der Gartenumgrenzung zu schaffen. Durchgänge mit einer Größe von 13 mal 13 Zentimeter reichen aus, um Igeln den Weg von einem Garten in den nächsten zu ermöglichen. Wird ein Lebensraum als gut befunden, leben dort vermutlich mehrere Igel und die Aktionsräume überlappen sich. Igel sind grundsätzlich Einzelgänger, ohne dass sie ihr Revier verteidigen würden. Nur zur Paarung finden sich Männchen und Weibchen zusammen. Männliche Tiere nehmen während der Paarungszeit sehr weite Strecken auf sich, um ein Weibchen zu finden. Bis zu fünf Kilometer legt ein Igelmann in einer Nacht zurück, um die Dame seiner Wahl zu finden. In dieser Zeit führen die Männchen ein richtiges Vagabundenleben und überqueren viel häufiger Straßen als außerhalb der Paarungszeit. Die meisten verkehrstoten Igel werden deshalb auch im Juni und Juli gezählt. Eine gefährliche Zeit für den Igelmann.

Der Aktionsradius von Igeln ist verhältnismäßig groß. Deshalb ist es wichtig, dass der Garten über Durchschlüpfe verfügt. Um ein Weibchen zu finden, muss das Igelmännchen je nach Revierqualität weite Strecken zurücklegen.

Der Igelmann verfolgt das Weibchen manchmal wochenlang bis zur Paarung. Ansonsten würde er riskieren, dass er die Igeldame aus den Augen verliert oder dass ihm ein Konkurrent zuvorkommt.

Igelkarussell

Ist der erste Winterschlaf überstanden, werden die Igel geschlechtsreif. Die Tiere sind dann zwischen sieben und zehn Monate alt. Die Paarungszeit selbst liegt zwischen Mai und August. In dieser Zeit befindet sich der Igelmann geradezu im Liebesrausch und sogar die Nahrungsaufnahme rückt in den Hintergrund. Hat er endlich eine Partnerin gefunden, beginnt die Paarungszeremonie, die auch als Igelkarussell bezeichnet wird. Das Männchen umkreist dabei das Weibchen und versucht, es zu umwerben. Ist das Weibchen nicht interessiert, boxt es das Männchen mit dem Kopf weg. Kommt ein männlicher Mitbewerber hinzu, versuchen sich die Männchen gegenseitig zu vertreiben. Wilde Rivalenkämpfe können folgen, wobei aber selten Verletzungen entstehen. Dieses Chaos nutzen die Weibchen übrigens gerne aus, um sich unbemerkt aus dem Staub zu machen.

Einmal Sex und tschüss

Die unermüdlichen Annäherungsversuche des Männchens können Stunden und manchmal sogar Tage bis Wochen dauern. Ist das Weibchen bereit, lässt sie das Männchen aufreiten. Das Weibchen legt dabei seine Stacheln an und bringt sich für ihn in eine gute Position. Nach der erfolgreichen Paarung zieht der Igelmann weiter. Biologischer Auftrag erfüllt! Eine Dauerehe geht der Igel nicht ein. Als Einzelgänger verspricht er sich den größtmöglichen Vorteil zur Erhaltung seiner Art. Vereinfacht gesagt: Getrennte Partner machen sich keine Nahrungskonkurrenz und kommen alleine besser zurecht.

Mit allen Sinnen die Welt erkunden

Igel können sehr gut riechen und hören, jedoch nicht besonders gut sehen. Bemerkenswert ist auch ihr hervorragender **Orientierungssinn**. Sie merken sich gute Schlaf-, und Futterplätze und finden auf unterschiedlichen Wegen immer wieder dorthin zurück. Hürden werden gut bewältigt und Durchschlüpfe auf Anhieb sofort wiedergefunden. Igel verirren sich nicht, sie haben immer ein klares Ziel vor Augen.

Für den nachtaktiven Igel ist der **Sehsinn** weniger wichtig und entsprechend schwach ausgeprägt.

Der hervorragende **Geruchssinn** ist das wichtigste Sinnesorgan des Igels. Die Nase ist immer feucht und arbeitet sogar um ein Vielfaches besser als die eines Hundes. Oft tropft sie sogar, wenn der Igel neue Eindrücke aufnimmt. Durch die Feuchtigkeit werden alle Duftmoleküle bis zu den weit hinten liegenden Riechzellen transportiert. Seine perfekte Nase hilft ihm deshalb, unbekannte Dinge einzuordnen, sich zu orientieren, Nahrung und Artgenossen aufzuspüren.

Das **Gehör** des Igels ist ausgezeichnet. Seine Ohren sind zwar klein, aber sehr empfindlich. Der Igel kann bis weit in den Ultraschallbereich hören, um die Bewegungen im und auf dem Boden lebender Beutetiere besser wahrnehmen zu können.

Der Igel hat einen guten **Geschmacksinn**, aber nicht alles schmeckt ihm. Er kann süß, sauer, salzig und bitter unterscheiden. Und es scheint so, dass er bitteres und saures Futter gar nicht mag. Er meidet zum Beispiel Marienkäfer. Kellerasseln werden nur von jungen Igeln gefressen. Erfahrene Tiere verzichten lieber auf die bitteren Futtertiere.

Der **Tastsinn** des Igels ist gut ausgeprägt. Die Tasthaare der Schnauze lassen ihn Hindernisse ertasten, helfen beim Beutefang und unterstützen zusätzlich die Orientierung im Dunklen.

Das **Jacobsonsche Organ** ist ein zusätzliches Geschmacksorgan, das am Gaumen sitzt und mit vielen Sinneszellen ausgestattet ist. Diese Öffnung an der oberen Wand der Mundhöhle ermöglicht dem Tier, ihm unbekannte Gerüche und Gegenstände auf Essbarkeit hin zu überprüfen. Wenn der Igel etwas findet, das er nicht sofort erkennt, nimmt er diesen unbekannten Gegenstand in den Mund und kaut darauf herum, bis schaumiger Speichel entsteht. Der wird mit der Zunge dann zum Jacobsonschen Organ gebracht, das entscheidet, ob es sich um etwas Leckeres oder um etwas Unbrauchbares handelt. Anschließend reinigt der Igel das Organ, indem er den Speichel ausspuckt und ihn sich dabei selbst auf den Stachelrücken schmiert. Manche Menschen interpretieren diesen wichtigen Lernprozess des Igels falsch und stufen das Tier als krank ein. Das ist aber nicht der Fall. Die Bedeutung dieser Selbstbespeichelung ist bis heute nicht eindeutig geklärt. Und doch weiß man, dass dieses Verhalten überwiegend bei jungen Igeln beobachtet wird. Auf ihren Streifzügen treffen sie nämlich auf viele Gerüche, die ihnen noch nicht vertraut sind.

Wenn man im Juni und Juli zwei Igel tuckern und dampflokartig puffern hört, dann handelt es sich vermutlich um ein Liebespaar.

Igelgeräusche und Spuren im Garten

Igel sind geschäftige Nahrungssucher und auf Erkundungstour nicht unbedingt auf Samtpfoten unterwegs. Durch Schnaufen, Schmatzen, Insektenknacken oder ein Rascheln im Gebüsch verraten sie sich häufig. Auch wenn der Igel auf eine Partnerin trifft, kann er mächtig Lärm veranstalten. Vielfältige Lautäußerungen sind von ihm bekannt, darunter Fauchen, Puffen, Bellen, Knurren, Grunzen oder Schnarchen. Bei Schmerzen oder Angst können Igel helle Schreie ausstoßen. Und das Fiepen der Igelbabys erinnert an das helle Zwitschern junger Vögel. Natürlich machen sich Igel im Garten auch durch ihre Hinterlassenschaften bemerkbar. Der gesunde Igelkot ist walzenförmig und besteht aus dunkelbraunen bis schwarz glänzenden Würstchen. Sie sind drei bis sechs Zentimeter lang und bis zu einem Zentimeter dick.

Der Igelstachel

Der Braunbrustigel trägt 6000 bis 8000 Stacheln am Körper, die bis zu drei Zentimeter lang werden. Sein Stachelkleid bedeckt die hintere Kopfpartie, den Rücken und die Körperseiten. Die Stacheln selbst sind umgebildete Haare. Sie bestehen aus Keratin und sind innen hohl. Jeder einzelne Stachel wird über Muskeln an der Stachelbasis kontrolliert. Durch ihre Konstruktion sind die Stacheln äußerst stabil und trotzdem biegsam. Diese Kombination kann für den Igel lebensrettend sein, sollte er einmal tief stürzen. Die beige-braun gebänderte Stachelfarbe bietet dem Insektenfresser eine hervorragende Tarnung. Als Heimlichtuer reichen ihm deshalb in den Sommermonaten einfache, nicht besonders geschützte Schlafnester.

Mit ihrem kräftigen Ringmuskel können sich Igel innerhalb von nur wenigen Sekunden zu einer Kugel zusammenrollen. Beim Aufstellen der Stacheln wird jede einzelne von einem eigenen Muskel bewegt.

Droht doch Gefahr, schützt sich der Igel durch das Aufstellen der Stacheln. Dabei werden zunächst die Stirnstacheln wie ein Schild über die Augen aufgestellt. Bei anhaltender Gefahr rollen sich die Tiere zu einer Kugel zusammen. Durch einen sehr kräftigen Ringmuskel kann der Igel bis zu mehrere Stunden Gesicht, Füße und Bauch verstecken. Weglaufen hat er nicht nötig. Auch Igelbabys werden bereits mit ungefähr 100 weichen, weißen Stacheln geboren, die bei der Geburt noch in die aufgequollene Haut eingebettet sind, um die Mutter nicht zu verletzen.

Der Stachelpanzer hilft nicht immer

Obwohl der Igel nur wenig natürliche Feinde hat, steht er trotz Stachelkleid weit oben auf der Speisekarte von Dachs und Uhu. Besonders die große Eule kann den Stachelpanzer mit ihren langen Krallen durchdringen und den Igel töten. Der Dachs hat seine eigene Strategie und versucht, an die einzige Schwachstelle des Igels heranzukommen. Er dreht seine Beute herum, bis er seine Nase in die kleine ungeschützte Lücke am Bauch stecken kann.

Fällt der Igel einem seiner beiden Hauptfeinde zum Opfer, bleibt meist nur die Stachelhaut übrig. Marder, Iltis, Wildschwein und Fuchs haben den Igel auch zum Fressen gern, aber nur bei kranken oder ganz jungen Tieren überhaupt eine Erfolgschance. Katzen können lediglich für Igelbabys gefährlich werden. Jagende Hunde sind ein Problem für alle Wildtiere. Auch wenn viele Hunde vielleicht nur spielerische Absichten haben, können ihre langen Fangzähne den Igel stark verletzen.

Fast jeder Igel hat Flöhe. Sie sitzen vor allem an Brust, Bauch und Vorderbeinen, bei sehr starkem Befall sind sie auch zwischen den Stacheln zu erkennen. Die erwachsenen Igelflöhe ernähren sich vom Blut des Igels.

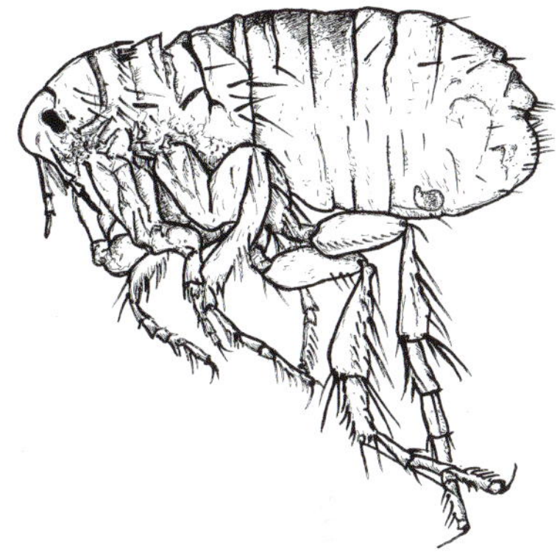

Gefahr im eigenen Pelz

Durch das Stachelkleid ist der Igel sehr gut vor vielen Gefahren geschützt. Leider gibt es auch eine Kehrseite der Medaille: Die Stacheln isolieren schlecht und eine anständige Fellreinigung ist unmöglich. Jedes Wildtier hat Parasiten. Aber beim Igel wird das Stachelkleid zu einem Paradies für Zecken, Flöhe und Milben. Diese führen im Stachelpelz ein ungestörtes Leben und können gefährliche Krankheitserreger übertragen. Auch für zahlreiche innere Parasiten sind Igel ideale Wirte. Einige Nahrungstiere des Igels wie Schnecken oder Regenwürmer sind Zwischenwirte für verschiedene Wurmarten. Werden diese gefressen, breiten sich die Würmer in seinem Organismus aus und schädigen dauerhaft die inneren Organe. Ein gesunder Igel entwickelt körpereigene Abwehrstrategien und kommt bis zu einem gewissen Grad gut mit dem Befall zurecht. Schwächt jedoch der Parasitenbefall den Igel zu sehr, kann er daran sterben.

Die Igelzecke

Zecken lieben feuchtwarmes Wetter. In Deutschland gibt es etwa 20 verschiedene Zeckenarten, aber nur fünf sind häufig. Darunter auch die »Igelzecke«. Unser namensgebender Stachelträger ist für die Igelzecke sogar der wichtigste Wirt. Diese Zecken interessieren sich vorwiegend für reine Fleischfresser und weniger für uns Menschen. Sie leben entweder am Wirt oder warten in seinem Bau auf ihn. Wir Menschen kommen mit der Igelzecke eigentlich nur durch unsere Hunde und Katzen in Kontakt. Selbst dann werden Haustierbesitzer oder Igelpfleger nur selten von der Igelzecke gestochen.

Der Igel dreht sich so lange in seinem Winternest, bis das Nistmaterial ganz eng an seinem Körper anliegt und ihm so den perfekten Schutz bietet.

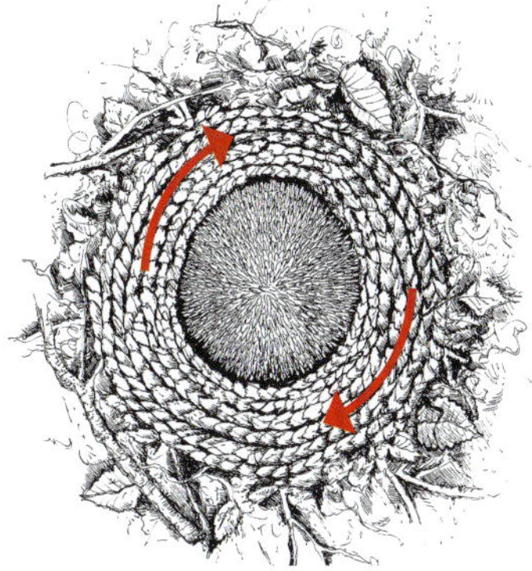

Der Winterschlaf

Igel überbrücken die nahrungsarme Zeit mit einem echten Winterschlaf. Das ist eine im Jahreszyklus fest verankerte Verhaltensweise, bei der alle Körperfunktionen auf ein Minimum reduziert werden. Und das funktioniert nur, wenn das Nervensystem, der Hormonhaushalt, der Stoffwechsel und der Blutkreislauf genau aufeinander abgestimmt reagieren. Ein hochkomplexer Prozess also!

Ausgelöst wird der Winterschlaf durch das Zusammenwirken verschiedener Faktoren: Abnehmende Tageslichtlänge, das Körpergewicht des Igels, Außentemperaturen, Hormone und natürlich der Nahrungsmangel. Während des Winterschlafs zehren unsere Igel von einem im Sommer angefressenen Vorrat an Körperfett. Igel schlafen übrigens nicht den kompletten Winter hindurch, sie unterbrechen den Winterschlaf regelmäßig und wachen wiederholt auf. In der Regel bleiben sie dann in ihrem Nest und schlafen nach einer Weile wieder ein. Andere Igel werden aktiver und wechseln ihr Quartier. Ihr Aktionsradius ist dann gering und eine Nahrungssuche findet während dieser Winterschlafunterbrechung in der Regel nicht statt. Über den gesamten Winter verliert ein Igel ca. 30 bis 40 Prozent seines Körpergewichtes. Je nach Länge des Winterschlafes, dem Gesundheitszustand, der körperlichen Verfassung des Igels sowie in Abhängigkeit der Qualität des Quartiers mal mehr, mal weniger. Das eigentliche Erwachen im Frühling tritt bei länger anhaltenden Außentemperaturen von etwa zehn Grad ein. Nach dem Winterschlaf verspüren die Igel zunächst großen Durst und suchen nahe liegende Wasserstellen auf.

Zeit für Wilma

Max. 5kg/11lb Min.1g/0.1oz d=1g/0.1oz
320
KG/LB
Z/T
bifinett

Wie fast alle Igel hatte auch Wilma viele Zecken am Körper. Die Zecken selbst, aber auch die Krankheitserreger, die sie übertragen, können einen direkten Einfluss auf die Gewichtsentwicklung und Fitness des Igels haben. Deshalb mussten sie entfernt werden.

Erste Behandlung zu Hause

Bevor ich mich zu Hause an Wilmas Zecken heranwagte, wollte ich erst einmal das genaue Gewicht der Igeldame wissen. 320 Gramm zeigte mir meine alte Küchenwage an. Meine Schätzung von heute Morgen war also gar nicht schlecht gewesen. Das Gewicht reichte für den anstehenden Winterschlaf aber nicht aus.

Mit Handschuhen, Handtuch und einer Pinzette bewaffnet begann ich, vorsichtig Zecke um Zecke aus Wilmas Stachelkleid zu entfernen. Nach 60 Zecken brauchten wir schließlich beide eine Pause. Die ganz versteckt sitzenden Zecken hinter den Ohren, an den Beinchen und im Schwanzbereich konnte ich durch Wilmas ständiges Ein- und Ausrollen einfach nicht erreichen. Glücklicherweise hatte ich noch ein Spray mit dem Wirkstoff Fipronil zur Behandlung gegen Flöhe und Zecken zu Hause. Solche Mittel sind für stabile Igel gut verträglich. Da Wilma zwar gute körperliche Reaktionen zeigte, aber mit ihren 320 Gramm ein eher geringes Gewicht hatte, verwendete ich nur vier Pumpstöße. Der Kopf und alle Körperöffnungen blieben dabei ausgespart. Für sehr junge und stark geschwächte Tiere darf das Mittel nicht verwendet werden. Fipronil wirkt bei den Parasiten als Kontaktgift. Igel oder andere Säugetiere reagieren auf dieses Gift nicht in gleicher Form wie die Parasiten, und doch kann Fipronil bei einer Überdosierung den Wirt töten. Igel sind leider grundsätzlich keine leichten Patienten und vertragen viele Medikamente schlechter als unsere Haustiere. Auf eine genaue Dosierung und korrekte Anwendung ist unbedingt zu achten. Spot-On-Präparate sind für einen Igel deswegen nicht geeignet.

Aufgestellt wird das Igel-Notquartier in einem ruhigen Zimmer mit 18 bis 20 Grad Raumtemperatur.

Das Notquartier

Für die kurzfristige Unterbringung von hilfsbedürftigen Fundigeln eignen sich große Meerschweinchenkäfige sehr gut. Das Standardmaß von 120 mal 60 mal 50 Zentimeter ist groß genug und bietet auch für ein stabiles Schlafhäuschen noch Platz. Die Plastikwanne des Käfigs lässt sich außerdem viel besser reinigen als beispielsweise ein Karton, der ja bei den vielen großen und kleinen Geschäften des Igels schnell durchweicht. Ein Augenmerk sollte allerdings auf den Abstand der Gitterstäbe gerichtet sein. Denn die meisten Igel versuchen auszubüxen, sobald es ihnen bessergeht. Und sie versuchen ihr Glück selbst bei der kleinsten Lücke. Die Gitterstäbe dürfen deshalb nicht zu weit auseinanderstehen, damit sich die Igel nicht festklemmen können.

Für ambitionierte Igelpfleger gibt es natürlich noch weitere Möglichkeiten, ein Igelnotquartier zu gestalten. Ob man nun ein größeres Gehege aus Holz oder durch Röhren verbundene Kartonkonstruktionen baut, bleibt jedem selbst überlassen. Wichtig ist nur, dass der Boden der Behausung mit Zeitungspapier ausgelegt und täglich gewechselt wird. Staubiges Stroh oder Sägespäne eignen sich nicht als Einstreu. Das Schlafhäuschen sollte deshalb nur mit zerknüllten Küchentüchern oder mit Zeitungsschnipseln gefüllt werden. Kranke Tiere, die voraussichtlich länger als drei Monate gepflegt werden, müssen laut dem Säugetiergutachten des Bundesministeriums für Ernährung und Landwirtschaft in einem Gehege von mindestens zwei Quadratmetern untergebracht werden.

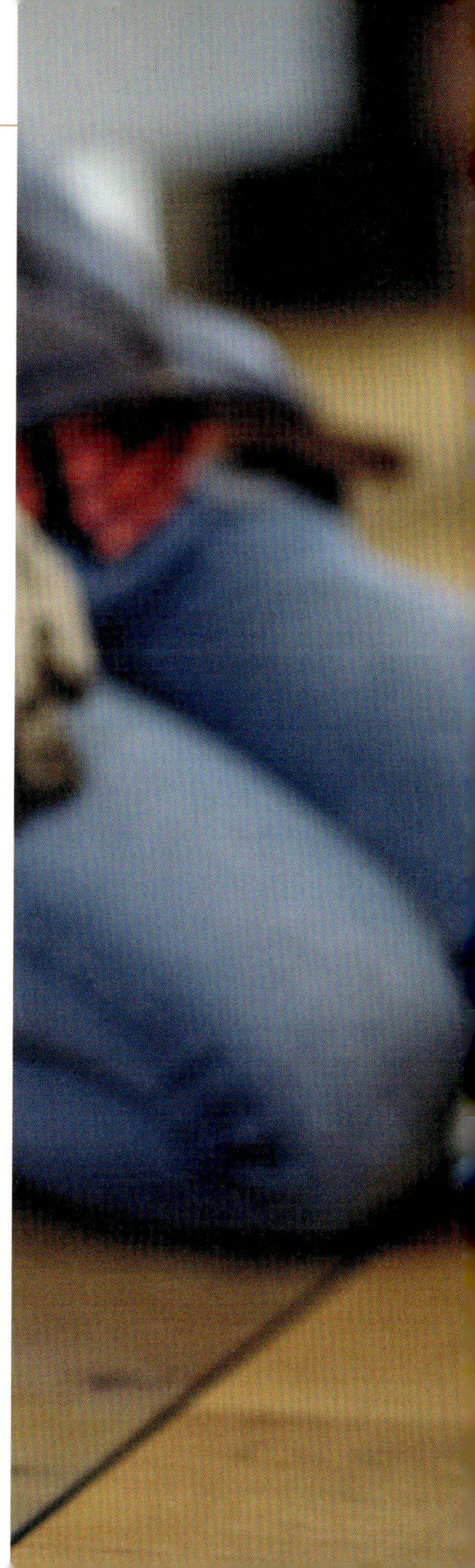

Futter während der Pflege

Nachdem ich Wilma so gut es ging von ihren Außenparasiten befreit hatte, setzte ich sie in ihr Quartier. Schnell flitzte das Igelkind in sein Schlafhäuschen, um sich dort zu verstecken. Während sich Wilma ausruhte, bereitete ich ihr Futter zu. Die Nahrung eines Pflegeigels muss proteinreich und fett sein. Meine Standardfuttergabe besteht aus einem Schälchen Katzennassfutter mit hohem Fleischanteil, das ich mit gebratenem, ungesalzenem Rührei vermische.

Für einen kleinen Igel reicht eine kleine Schale Futter erst einmal aus, um zu prüfen, wie groß der Appetit wirklich ist. Lieber biete ich dem Fundtier später noch einmal eine Portion an.

Pflegeigel müssen unter menschlicher Obhut unbedingt abwechslungsreich ernährt werden. Neben Katzenfutter und Rührei sind gebratenes Hackfleisch oder gekochtes, klein geschnittenes Geflügel geeignet. Möglich wäre auch gegarter Fisch. Manche Igel sind richtig anspruchsvoll und fressen nur bestimmte Dinge. Fertiges Igeltrockenfutter wird von vielen Igeln verschmäht. Gemischt mit hochwertigem Nassfutter wird es aber meist gut angenommen. Katzenfutter alleine ist übrigens zu fettarm und führt beim Igel häufig zu weichem, stinkendem Kot. Eine geringe Beimischung von Haferflocken bewirkt schon kleine Wunder.

Kranke Wilma

Nach der ersten Nacht im Notquartier sah ich am frühen Morgen gleich nach Wilma. Sie hatte offensichtlich etwas vom Futter probiert, aber das meiste unberührt gelassen. Dafür hatte sie ordentlich randaliert und ihre Wasserschale umgeworfen. Oftmals ist dieses unruhige Verhalten auch ein Anzeichen für eine Krankheit.

Der abgesetzte Kot auf dem durchnässten Zeitungspapier war dünn, grünlich mit schleimigen Anteilen und roch unangenehm. Kein gutes Zeichen. Appetitlosigkeit und die abnormale Kotkonsistenz deuten auf eine Krankheit hin. Neben einem starken Befall durch Innenparasiten leiden appetitlose Igel um diese Jahreszeit oft zusätzlich an einer bakteriellen Infektion der Verdauungsorgane. Wilma brauchte also dringend Medizin, ansonsten würde sie den Winterschlaf nicht überstehen.

Besuch beim Tierarzt

Meine Tierärztin zeigt wirklich großes Engagement dabei, jeden Igel richtig zu behandeln, und dafür bin ich ihr sehr dankbar. Frau Dr. Lauterbach führt die mikroskopische Kotuntersuchung auf Parasiten, die ein wichtiger Bestandteil der Gesundheitshygiene ist, routinemäßig über den Direktausstrich durch. Wenn nicht eine sofortige medizinische Behandlung notwendig ist, werden Kotproben von drei aufeinanderfolgenden Tagen gesammelt und in ein parasitologisches Labor eingesandt. Drei Kotproben sind deshalb sinnvoll, da die Ausscheidung von Wurmteilen nicht kontinuierlich über den Kot und außerdem in unterschiedlichen Konzentrationen erfolgt.

Im Fall der kleinen Wilma mussten wir aber schnell handeln und durften keine wertvolle Zeit verstreichen lassen. So hielt ich das Ergebnis der Schnelluntersuchung schon zehn Minuten später in der Hand.

Das Körpergewicht der Igel ist ganz entscheidend dafür, dass sie unbeschadet Winterschlaf halten können. Vor allem spät geborene junge Igel haben oft nicht genug Fett gespeichert.

Wie sich herausstellte, litt Wilma unter einem mittleren bis hochgradigen Befall von Darm- und Lungenparasiten. Nach Rücksprache mit der Tierärztin wurde sie nun fünf Tage lang mit einem abwehrkräftestärkenden Aufbaupräparat, Antibiotika gegen die bakterielle Infektion und einer gezielten Wurmkur versorgt.

Päppeln

Bereits am zweiten Tag nach Beginn der Behandlung fand Wilma ihren Appetit wieder. Sie fraß richtig gut und nahm zunächst täglich 20 Gramm, nach ein paar Tagen 10 bis 15 Gramm zu. Nach drei Wochen Pflege brachte Wilma bereits 600 Gramm auf die Waage. Eine tolle Entwicklung! Gerne hätte ich Wilma noch etwas länger im Warmen aufgepäppelt, aber von einem Tag auf den anderen zeigte sie sich plötzlich ungewöhnlich unruhig, fraß weniger und zog das komplette Zeitungspapier in ihr Notquartier. Dieses Verhalten kann ein Anzeichen für die Winterschlafbereitschaft sein oder auch erneut der Hinweis auf eine Erkrankung. Möglicherweise handelte es sich um einen Parasitenbefall, der durch die Entwicklungszeit der Würmer nicht in der ersten Kotuntersuchung sichtbar geworden war. Ich hoffte, dass Letzteres nicht zutraf und dass Wilmas Verhalten auf die Winterschlafbereitschaft hindeutete, selbst wenn sie noch immer recht zierlich war. Gewissheit konnte in diesem Fall nur eine weitere Kotuntersuchung bringen. Also brachte ich jeweils eine Kotprobe von drei aufeinander folgenden Tagen in die Tierarztpraxis. Frau Dr. Lauterbach schickte diese ins Labor und nach zwei Tagen kam dann die Entwarnung. Es waren keine Wurmteile mehr sichtbar. Glück gehabt! Wilma war also gesund und bereit für den Winterschlaf. Mittlerweile ging es ja schon auf Ende Dezember zu – höchste Zeit für einen Umzug ins Außengehege.

Schlafen in Obhut

Wenn ein gesunder junger Pflegeigel ein Körpergewicht von 500 bis 600 Gramm erreicht hat, kann er schließlich zur Überwinterung nach draußen in ein Freigehege gebracht werden. Erwachsene Tiere sollten dabei mindestens 800 Gramm auf die Waage bringen. Genauso wichtig wie das Ausgangsgewicht des Igels ist aber ein hochwertiges und geschütztes Winternest. Die Umsiedelung eines gesunden Igels nach draußen kann übrigens jederzeit, also auch noch im Januar oder Februar, stattfinden. Lieber ein kurzer Winterschlaf als gar keiner!

Das Schlafhäuschen muss dabei unbedingt umzäunt werden, da die Igel ohne ein Außengehege flüchten würden. Im schlimmsten Fall irren die Tiere dann desorientiert bei Minusgraden umher und finden kein Ersatzquartier. Nach einer erfolgreichen Pflege will das natürlich keiner. Das Einschlafen dauert übrigens mehrere Stunden. Manchmal sind die Tiere sogar noch einige Tage wach.

Und so gehts

Wilma wollte nun schlafen, das hatte sie durch ihr Verhalten deutlich gezeigt. Ich brachte sie also in ihr ausbruchsicheres, zwei Quadratmeter großes Gehege, das ich auf der eher schattigen und ruhigeren Nordostseite meines Gartens aufgebaut hatte. Als Umzäunung diente eine Konstruktion aus Kanthölzern, gesichert durch engmaschigen Hasendraht. Darin befand sich ein Igelhaus aus Holz.

Im Freilauf muss das Igelhaus unbedingt an einer trockenen Stelle stehen. Da der Boden in meinem Garten eine relativ dicke Humusschicht besitzt, habe ich an der Stelle, an der Wilmas Häuschen stehen sollte, mit dem Spaten den Oberboden ein Stück weit ausgehoben und ein Gemisch aus Sand und Kies als Drainage eingefüllt.

Igel polstern ihr Winternest mit viel Nistmaterial aus. Deshalb nutzt es ihnen sehr, wenn zusammengerechtes Laub oder auch Gehölzschnitt im Garten unter Sträuchern und Hecken einfach liegen gelassen und nicht entsorgt wird.

Nistmaterial

Das Innere des Häuschens befüllte ich mit einem Gemisch aus Laub, Heu und Stroh. Igel lieben es, sich ins Heu zu kuscheln. Das getrocknete Gras ist weich, isoliert gut und hält warm. Leider hat Heu aber einen ganz großen Nachteil: Es zieht schnell Feuchtigkeit. Stroh ist in diesem Punkt viel besser geeignet, jedoch weniger kuschelig. In der freien Natur polstern Igel ihr Winternest hauptsächlich mit Laub und Gräsern aus. Jedes Nistmaterial hat standortabhängig seine Vor- und Nachteile. Um Wilmas Schlafquartier zusätzlich zu isolieren, bedeckte ich das Igelhaus von außen großzügig mit viel Laub und Reisig. Jetzt war Wilma perfekt für den Winter vorbereitet.

Perfektes Timing

Am frühen Abend setzte ich Wilma in das Außengehege, direkt vor den Eingang des Häuschens. Und zielstrebig marschierte sie hinein. Perfekt! Tagsüber waren die Temperaturen für Dezember recht mild, sanken aber nachts unter null Grad, sodass es keinen Sinn machte, noch Feuchtfutter anzubieten. Denn gefrorenes Futter ist auch für Igelmägen nicht gut. Wilma bekam deshalb nur noch Katzentrockenfutter als Notration. Genau drei Nächte kam sie noch zum Fressen raus und naschte sporadisch an ihrem Trockenfutter, dann war Ruhe. Nachdem das Futter unberührt blieb, schob ich etwas Laub in den Hauseingang und verbarrikadierte ihn mit einem Stöckchen. Sollte Wilma frühzeitig oder auch mal zwischendurch erwachen, würde ich durch das beiseitegeschobene Stöckchen sofort wissen, wann ich wieder mit dem Füttern beginnen musste.

Frühlingserwachen

Wilma bringt nach dem Winterschlaf 460 Gramm auf die Waage. Sie hat etwas über 20 Prozent Gewicht verloren.

Es riecht nach Frühling

Mitte April erwachte mein Garten langsam zu neuem Leben. Mit den steigenden Temperaturen erhöhte sich auch die Anwesenheit saisonaler und sommerlicher Insekten. Die ersten Stachelritter hatte ich sogar schon Ende März gesichtet. Sie wurden noch durch eine Zufütterung in meinem Garten unterstützt und verputzten fleißig alles, was ich ihnen anbot. Da auch andere Tiere wie Krähen und Elstern einen solchen Service mitbekommen und sich auf Lauerstellung begeben, ist ein Igelfutterhaus bereits im Frühjahr zwingend notwendig. Die Futterspende soll ja bei den hilfsbedürftigen Tieren ankommen und nicht bei den Elstern oder wie in meinem Fall bei »Simba«, unserem dicken Nachbarskater. Und was trieb Wilma zu der Zeit? Die Igeldame schlief noch. Sie hatte ihr Quartier seit Ende Dezember kein einziges Mal verlassen. Da viele Igel regionen- und wetterabhängig bis Ende April und in kälteren Gebieten sogar bis Anfang Mai schlafen, war das aber kein Grund zur Sorge!

Langschläfer Wilma

Ende April dann, bei meiner Morgenkontrolle im Garten, war Wilmas Hauseingang freigeräumt. Die Igeldame war also aufgewacht. Auch meine, vor dem Gehege fest installierte Nachtsichtkamera hatte aufgezeichnet, wie sich Wilma an der angebotenen Notration Katzentrockenfutter bedient hatte. Viel gefressen hatte sie noch nicht, aber ich war zuversichtlich, dass sich das in den nächsten Tagen bestimmt schnell ändern würde.

Wenn möglich, sollten Igel bei der Auswilderung an den ursprünglichen Fundort zurückgebracht werden. Allerdings geht das nur, wenn die Umgebung dort auch wirklich igelgerecht ist. In Wilmas Fall traf das leider nicht zu.

Neues Zuhause gesucht

Wilma schmeckte es, aber wie! Sie hatte ihr altes Vor-Winterschlafgewicht bereits nach zehn Tagen wieder erreicht. Ein Igel, der so gut frisst und sich so prächtig entwickelt, ist gesund. Eine erneute Behandlung gegen Parasiten war also nicht notwendig. Vor allem da Wilma nach der Freilassung dieselben Nahrungstiere wie zuvor fressen und nicht parasitenfrei bleiben würde. Das war zwar keine schöne Vorstellung, aber eben normal.

In der Regel werden ehemalige Pflegeigel wieder an ihren Fundort zurückgebracht und dort ausgewildert. Besonders erwachsene Tiere besitzen ein hervorragendes Ortsgedächtnis und werden ihren »alten Lebensraum« schnell wiedererkennen. Ist es nötig, einen anderen Auswilderungsort zu suchen, muss sich das Tier erst neu orientieren. Es kennt dort keine sicheren Futterquellen und Verstecke, und das kann dem Igel schaden.

Leider benötigte auch Wilma ein neues Zuhause. Sie wurde schließlich direkt an einer stark befahrenen Straße gefunden. Und auch die Gärten in der Umgebung waren für Igel schwer zugänglich. Nach Rücksprache mit Wilmas Finderin sollte sie nicht dorthin zurückgebracht werden. Da mein eigener Garten bereits von einigen Igeln regelmäßig besucht wurde, kam auch er nicht für eine Auswilderung infrage. Damit es nicht zu viele Tiere werden – denn dann wäre die Gefahr groß, dass sie unter Sozial- und Konkurrenzdruck leiden –, werden ehemalige Pflegeigel grundsätzlich nicht bei mir ausgewildert. Die wichtigsten Auswahlkriterien für ein neues Domizil sind viele Verstecke, genügend Nahrungstiere, Wasser und natürlich Barrierefreiheit.

Canon
EOS-1D
X
STABILIZER
MODE
1 2
STABILIZER
ON OFF
SET
FOCUS PRESET
ON
OFF
AF MF
1.9m–∞
3.5m–∞

Fotomodell Wilma

Wilma war ein entspannter und fotogener Igel, den ich wenigstens einmal professionell fotografieren lassen wollte, bevor sie ihr Glück in einem neuen Garten finden würde. Für meine Arbeit beim Landesbund für Vogelschutz brauche ich nämlich immer wieder gute Bilder für Beiträge rund um verschiedene Naturschutzthemen. Ich fragte deshalb meine Freunde und Fotografen Martin Seidl und Peter Lippke, ob sie Lust hätten, Wilma auf dem Weg in die Freiheit fotografisch zu begleiten. Lange haben die zwei zum Glück nicht überlegt und mir bald ihre Unterstützung zugesagt. Das freute mich sehr, denn es ist schwierig, Kleinsäuger, die sich nur nahe am Boden bewegen, zu fotografieren. Bei einem gemeinsamen Treffen Mitte Mai überlegten wir nun, wo wir Wilma auswildern könnten. Ihr zukünftiges Revier sollte möglichst so geschaffen sein, dass die Igeldame gar keinen Grund hatte, wieder abzuwandern. So würden wir sie auch mit etwas Glück in ihrem neuen Lebensraum wiederfinden. Ein großer, wilder Garten, den Peter, Martin und ich für Fotoaufnahmen jederzeit betreten durften, erschien uns dafür perfekt.

Gute Igelfotos zu machen, ist nicht so einfach. Zum Glück war unsere Igeldame ein sehr gelassener Igel, der sich gut vor der Kamera machte. Und so entstanden auch viele schöne Fotos für dieses Buch.

Igelparadies

Ein großer naturbelassener Garten wie dieser ist ein wahres Paradies für Igel und natürlich auch viele andere Tiere. Hier finden sie ausreichend Rückzugsorte, an denen sie schlafen, ihre Jungen aufziehen und überwintern können.

Die Antwort auf unser Problem lag eigentlich auf der Hand. Peters Mutter Johanna Lippke ist ehrenamtliche Naturgartenberaterin und lebt in einem Haus mit 3000 Quadratmetern Naturgarten. Es gibt dort Altbäume, die Schatten spenden, eine abwechslungsreiche Vogelhecke und mehrere, durch Stauden- und Kräuterbeete unterbrochene Grünflächen mit Wildblumen. Auch Totholz, Kompost-, Laub- und Reisighaufen sind an verschiedenen Stellen im Garten zu finden. Und das Allerbeste überhaupt sind die drei unterschiedlich großen Gartenteiche. Wasser belebt jeden Garten und ist ein wertvoller Lebensraum. Der Einsatz von Gift, chemischem Dünger oder Schneckenkorn kommt für Johanna nicht infrage. Ihr Naturgarten lebt und verändert sich ständig. Dieser natürliche Wandel wird zugelassen und ist sogar erwünscht. Kein Wunder, dass es hier nur so summt und brummt. Als Peter den Garten vorschlug, meinte

er: »Übersichtlich ist der Garten nicht, aber meine Mutter hatte noch nie Lust auf eine Standardlösung. Als Kind kam mir unser Garten immer wie ein Ausschnitt aus einem Wimmelbuch vor, überall gab es was zu entdecken.« Ich freute mich jedenfalls sehr, den perfekten Lebensraum für Wilma gefunden zu haben. Und mit mir freute sich Mama Lippke auf ihre neue Gartenmitbewohnerin, die am nächsten Tag bei ihr einziehen würde.

Wie man einen Naturgarten schafft

Aus jedem kleinen Privatgarten kann übrigens ein Naturgarten werden, man braucht neben individuellen Gestaltungsideen nur die richtigen Pflanzen und ein paar Nischen wie Komposthaufen, Trockenmauern oder »wilde Ecken«. Etwas Geduld wäre natürlich auch nicht schlecht.

Je abwechslungsreicher der Garten gestaltet ist, desto vielfältiger und reicher ist auch der Speiseplan des Igels. Schließlich dient er auch Insekten, die Totholz oder Laubschichten als Überwinterungsquartiere nutzen, als idealer Lebensraum.

Leben im Igelgarten

Der Tag war gekommen, an dem Wilma endlich der Natur zurückgegeben werden konnte. Die Auswilderung findet am besten im Frühjahr statt, wenn es wieder reichlich Nahrung gibt. Das alte Winterquartier kann dem Tier als Starthilfe dienen.

Ab in die Freiheit

Autofahren findet kein Wildtier toll, auch wenn die Fahrt noch so kurz ist. Die lauten Geräusche des Motors können einen Igel schon sehr erschrecken. Wenn Wilma gewusst hätte, dass diese kurzen Strapazen ihre Freiheit einläuteten, wäre sie sicherlich entspannter gewesen. Ich parkte vor Mama Lippkes Garten, wo mich Johanna, Martin und Peter schon erwarteten. Gemeinsam marschierten wir mit der Transportkiste, in der Wilma saß, in den Garten und suchten einen geschützten und trockenen Aufstellungsort für ihr altes Winterquartier. Das bekam Wilma als Start- und Orientierungshilfe für die Auswilderung nämlich mit dazu. Wir entschieden uns für lichtes Unterholz am Fuß einer älteren Fichte.

Während Martin und Peter alles mit der Kamera festhielten, setzte Johanna Wilma in ihr Häuschen und bedeckte die Igeldame mit Blättern und dem restlichen Stroh aus der Transportkiste, bevor sie das Dach auf das Igelhaus setzte. Abschließend drapierten wir gemeinsam einige alte Zweige und noch mehr Blätter um das Quartier herum, bis Wilmas neues Zuhause richtig wild und schön aussah. Als zusätzliche Unterstützung würde Mama Lippke Wilma noch eine Woche mit Futter versorgen. Danach würde sie sich dann selbstständig ernähren müssen. Aber ich war davon überzeugt, dass Wilma das schaffte. Der natürliche Futtertisch ist Ende Mai wieder reich gedeckt. Und an Nahrungsmangel würde Wilma in diesem Gartenparadies vermutlich nie leiden. Jetzt mussten wir nur noch die Daumen drücken, dass Wilma auch blieb. Denn diese Entscheidung lag ganz allein bei ihr.

Wir alle waren erleichtert darüber, dass Wilma letztlich doch wieder aufgetaucht war. Nachdem sie mehrere Tage verschwunden war, hatten wir schon befürchtet, sie nie wieder zu sehen.

Eingewöhnungsphase

Johanna Lippke als »Verbündete« zu gewinnen, war ein Glücksfall. Sie ist unglaublich bemüht, ihren Schützlingen das beste Zuhause überhaupt zu bieten. Regelmäßig rief sie mich an und berichtete mir von Wilma. Direkt nach der Auswilderung war die Igeldame nämlich erstmal für fünf Tage verschwunden und wir befürchteten schon, sie würde nicht mehr auftauchen. Aber nach fast einer Woche entdeckte Johanna Wilma schlafend in einem Staudenbeet. Sie war geblieben und schien sich in ihrem neuen Zuhause doch recht wohl zu fühlen.

Da läuft doch was

Als mich Johanna Lippke im Juli anrief, wirkte sie ein wenig aufgebracht. Ein fremder Igel war im Garten aufgetaucht und verfolgte Wilma. Zuerst hatte Johanna an eine zufällige Begegnung gedacht. Aber der andere Igel war nun schon drei Tage hinter Wilma her, und so langsam verunsicherte das Frau Lippke. »Da läuft irgendwas zwischen denen.« Ich musste lachen. Die Paarungszeit der Igel findet im Juli ihren Höhepunkt. Ich beschloss, Johanna zu besuchen und selbst einen Blick auf das stachelige Liebespärchen zu werfen. Am nächsten Abend legten wir uns im Garten auf die Lauer und bereits kurz nach neun Uhr raschelte es in einem der Staudenbeete. Wilma schlich langsam durch die Blumen Richtung Komposthaufen. Ihr Wiedersehen ließ mich staunen: Richtig groß und kräftig war sie geworden. Einen zweiten Igel konnte ich jedoch nicht entdecken.

Die Igelmutter sammelt Blätter, Gras und Moos für das Wurfnest. Erfahrene Igelmütter legen manchmal sogar zwei Nester an. Eines der beiden können sie dann auch als Rückzugsort nutzen.

Johanna Lippke mahnte mich zur Geduld. Sie war sich sicher, dass auch der Igelmann irgendwo sein musste. Und tatsächlich! Knapp zehn Minuten später tauchte er auf und ließ Wilma nicht aus den Augen. Er klebte regelrecht an ihr. Seine Bemühungen, sie zu umwerben, waren wirklich toll. Aber leider ohne Erfolg. Wilma suchte unbeirrt weiter nach Futter und reagierte eher genervt auf seine Annäherungsversuche. Sie boxte den Igelmann immer wieder weg, sobald er ihr zu nahe kam. Schade, aber Wilma war noch nicht so weit. Ich montierte zwei Wildtierkameras an unterschiedlichen Stellen im Garten, in der Hoffnung, vielleicht auf diesem Weg ein paar schöne Aufnahmen zu bekommen. Dann verabschiedete ich mich von meiner Gastgeberin.

Wildtierkamera

Eine Wildtierkamera liefert wertvolle Informationen, weil sie einen unverzichtbaren Einblick in das Verhalten der nachtaktiven Igel geben kann (siehe Foto Seite 29 oben). Für mich und meine Arbeit ist das eine riesige Hilfe. Die Paarung zwischen Wilma und dem fremden Igelmann konnte ich jedoch leider nicht beobachten. Immerhin hielt aber noch die Kamera die fleißigen Bemühungen des Igelmannes fest. Und noch etwas konnte ich durch die Aufnahmen der zweiten Kamera im Garten von Frau Lippke herausfinden: Ende Juli fing Wilma an, ein Nest in einem hohlen Baumstamm zu bauen. Leider war eine direkte Ausrichtung der Kamera auf den Baumstamm nicht möglich, aber die Aufnahmen zeigten deutlich, wie Wilma fleißig Laub und Gras in diese Höhlung schleppte. Es kam mir so vor, als ob sie das Material genau prüfte und gezielt auswählte, was ins Nest kam und was nicht. Normalerweise legen trächtige Igelweibchen ihr Nest erst kurz vor der Geburt der Jungen an.

Erst wenn die Jungen ungefähr zwei Wochen alt sind, öffnen sich ihre Augen und Ohren. Etwa mit drei Wochen unternehmen sie erste kurze Ausflüge. Was sie fressen können und was nicht, müssen sie mit der Zeit eigenständig herausfinden.

Warten auf Nachwuchs

Auch wenn ich sehr neugierig war, ob Wilma tatsächlich Igelbabys an dem Ort bekommen würde, an dem sie zuvor fleißig gebaut hatte – Nachschauen war jetzt absolut verboten. Igelmütter reagieren sehr empfindlich auf Störungen und sind in dieser Lebensphase schnell gestresst. Deswegen blieb mir nichts anders übrig, als wieder einmal abzuwarten.

Nach durchschnittlich 35 Tagen Tragzeit kommen ungefähr vier bis sechs Igelkinder zur Welt. Manchmal mehr, manchmal weniger. Die meisten Igel werden im August geboren, viele aber auch noch im September. Junge Igel sind typische Nesthocker, ihre Augen und Ohren sind noch zwei Wochen lang geschlossen. Bis zum ungefähr 24. Lebenstag bleiben sie ausschließlich im Nest und werden dort gesäugt. Nach drei Wochen bekommen sie Milchzähnchen. Und dann verlassen sie auch erstmals ihren Geburtsort und erkunden die Umgebung. Jetzt müssen sie lernen, was fressbar ist und was nicht, und zwar ohne Igelmutter. Die hat nämlich während der Jungenaufzucht einen riesigen Hunger und sucht in einem viel weiteren Umkreis nach Futter als ihre Sprösslinge. Pünktlich zur Morgendämmerung trifft sich die Igelfamilie dann wieder im Wurfnest. Manche jungen Igel stolpern auch tagsüber mal aus dem Nest und erschnüffeln neugierig die Gegend. Sie laufen aber nie weit weg und finden alleine wieder zurück. In diesem Fall brauchen sie keine Hilfe. Anders wäre die Situation, wenn die Igelmutter nach ihrem nächtlichen Beutezug nicht zurückkehren würde.

Leider wird ein Igelnest manchmal versehentlich durch Gartenarbeiten zerstört. Manche Igelmütter flüchten dann. Wenn die Mutter auch nach zwei Stunden nicht zum Nest zurückgekehrt ist, brauchen die Jungen dringend unsere Hilfe.

Tagaktive kleine Igelsäuglinge kriechen nur aus dem Nest, wenn die Mutter nicht da ist und sie schon längere Zeit nicht mehr gesäugt wurden. Dann brauchen sie dringend unsere Hilfe. Erst im Alter von sechs Wochen können sich die Kleinen komplett selbst ernähren.

Gestresste Igelmütter

Tierkinder sind anstrengend und ihre Aufzucht eine große Herausforderung für die alleinerziehende Igelmutter. Deshalb nehmen sich die Mütter manchmal eine Auszeit. Es gibt beispielsweise Sprösslinge, die überhaupt keine Ruhe geben und ständig trinken wollen. Je älter die Igelkinder werden, desto aktiver sind sie, krabbeln tagsüber auf dem Muttertier herum und stören dabei ihre Ruhephase. Aus diesem Grund haben viele Igelweibchen noch einen weiteren Rückzugsort, den sie aufsuchen, wenn der Tumult im Igelnest einfach zu groß wird. Sie kommen aber zurück, nachdem sie sich ausgeruht und beruhigt haben.

Igelmütter quartieren ihr Nest jedoch ganz um, wenn sie sich gestört fühlen. Je nachdem wie gestresst die Igelmutter von der Störung ist, kann es schon mal sein, dass trödelnde Igelkinder bei der Umquartierung erstmal zurückgelassen werden. Wenn der Rest ihrer Familie in Sicherheit ist, versucht sie, das verloren gegangene Igelkind zu finden. Gelingt ihr das nicht, akzeptiert sie diesen Verlust. Man könnte auch vermuten: Je größer der Wurf ist, desto weniger wichtig ist es für die Igelmutter, alle Kinder durchzubringen. In Einzelfällen verstoßen Igelweibchen ihre Jungen oder geben das ganze Nest auf. Meist machen das aber nur unerfahrene, kranke oder an Schmerzen leidende Weibchen.

Erst nach und nach werden die bei Igelbabys anfangs weißen Stacheln durch dunklere ersetzt. Auch die rosa Haut färbt sich allmählich grau und die jungen Tiere bekommen ein Fell, das bei vier Wochen alten Jungen schon recht dicht ist.

Kinder zum Kugeln

Wilma brachte irgendwann Anfang August ihre Igelkinder zur Welt. Erstmals am 30. August sah ich Kameraaufnahmen der drei Jungigel, deren Alter ich auf etwa drei bis vier Wochen schätzte. Die Kinder waren sehr süß anzusehen und noch ein wenig unbeholfen. Sie stolperten mehr, als dass sie liefen. Ihr Stachelkleid aber war bereits dunkel und gebändert. Die Stacheln neugeborener Igel sind weiß, werden aber schon nach 36 Stunden allmählich durch ein dunkleres Stachelkleid ersetzt. Die Behaarung der Igelkinder war auf den Nachtsichtfotos deutlich zu erkennen. Vier Wochen alte Igelkinder besitzen schon ein relativ dichtes Fell. Meine Altersschätzung schien also zutreffend. Wilma war übrigens bei diesem ersten Ausflug der Igelkinder dabei und behielt die Umgebung im Auge. Zumindest war das mein Eindruck.

Neugierige Rasselbande

Die ersten Tage blieben die kleinen Stachelkinder relativ nah am Nest. Bereits am dritten Tag, nachdem die Rasselbande das erste Mal von meiner Wildtierkamera aufgezeichnet worden war, liefen sie schon außerhalb deren Reichweite umher. Ich überlegte lange, ob ich es jetzt schon wagen sollte, ein paar Fotos zusammen mit Martin und Peter zu machen, entschied mich dann aber doch dagegen. Es bestand noch immer die Gefahr, dass Wilma das Nest umquartierte, wenn sie sich gestört fühlte. Das wollte ich natürlich auf keinen Fall. Lieber warteten wir noch.

Abenteuer im Garten

Gummistiefel und Monsterschnecken

Mitte September waren die Igelkinder bereits sehr aktiv und auch ein klein wenig frech geworden. Laut Johannas Berichten tapsten die drei jungen Wilden schon bis zur Terrasse. Eines der Igelkinder hatte sogar einen umgekippten Gummistiefel näher unter die Lupe genommen. Fast wäre Mama Lippke auf das Igelchen getreten, als sie spät abends noch den Biomüll zum Komposthaufen bringen wollte. Zum Glück war nichts passiert, sie hatte die Stachelkugel rechtzeitig bemerkt.

Die kleinen Igel begannen, richtige Abenteuer im Garten zu erleben. Peter, Martin und ich wollten ihre ersten Erlebnisse gerne in Bildern festhalten, und verabredeten uns deshalb zu einem ersten Fotoshooting. Die Hoffnung, die Igelkinder wenigstens in der Dämmerung noch fotografieren zu können, zerschlug sich jedoch. Wir entdeckten die Rasselbande leider erst, als es schon viel zu dunkel war.

Trotzdem nahmen wir uns die Zeit, die kleinen Igel mit unseren Stirnlampen zu beobachten. Ein Igel stöberte am Rand einer Beeteinfassung eine größere Weinbergschnecke auf. Als er an ihr schnüffelte, versteckte sie sich sofort in ihrem Haus. Der kleine Igel ging also dazu über, die Schnecke mit seiner Schnauze vor sich herzuschieben. Da auch das nicht den gewünschten Erfolg brachte, versuchte er eine andere Taktik. Er setzte seine Pfoten ein und versuchte, das Schneckengehäuse so festzuhalten. Erwachsene Weinbergschnecken sind natürlich noch viel zu groß zum Fressen, außerdem sondern sie bei Gefahr zähen Schleim ab, der sie für die nächtlichen Jäger eher uninteressant macht. Aber das wusste das Igelkind ja noch nicht. Nach ein paar Minuten vergeblichen Bemühens, das riesige Schneckenhaus zu packen, gab der junge Igel schließlich auf und trottete weiter. Seine zwei Geschwister waren in der Zwischenzeit übrigens schon Richtung Gartenausgang gewandert.

Autos

Die zwei Igelkinder, die bereits das Gartentürchen erreicht hatten, schlüpften hinaus auf die Straße, liefen schnurstracks unter Peters in der Hofeinfahrt parkendem Auto durch und verschwanden auf dem gegenüberliegenden Grundstück. Schade, dorthin konnten wir sie leider nicht weiterverfolgen. Bedauerlicherweise befindet sich eine Straße weiter die gut befahrene Hauptstraße, die durch den Ortskern verläuft. Hoffentlich bummelten die Igelkinder nicht bis dorthin.

Die meisten Igel werden laut unserer LBV-Berufspendlerstudie im Juni und Juli überfahren, danach sinken die Zahlen und steigen dann Ende September und Oktober erneut stark an. Im Herbst sind mit den neuen Jungtieren insgesamt mehr Igel unterwegs. Sie müssen manchmal weite Strecken laufen, um bei den herbstlich kühlen Temperaturen noch genügend Nahrung und ein gutes Winterquartier zu finden. Unsere ehrenamtlichen Berufspendler sind übrigens bayernweit unterwegs und notieren sich das ganze Jahr über Fundort und Anzahl verkehrstoter Igel. Besonders auf Bundesstraßen werden sehr viele tote Igel gezählt.

Besonders viele verkehrstote Igel gibt es in der Paarungszeit sowie in der Herbstzeit, in der viele junge Igel auf der Suche nach Nahrung und einem guten Winterquartier unterwegs sind.

Schwimmen will gelernt sein

Martin, Peter und ich hätten leider nichts tun können, um die zwei Ausreißer aufzuhalten. Also kehrten wir etwas widerwillig zum Garten zurück. Frau Lippke stand neben ihrem großen Gartenteich und winkte uns aufgeregt zu. So leise und vorsichtig wie möglich eilten wir zu ihr. Johanna deutete mit dem Finger auf ein Brett, das den vielen Gartentieren den Zugang zum Teich ermöglicht. Und tatsächlich, ein kleiner Igel marschierte geradewegs über das Brett Richtung Wasser. Als er mit den Pfoten das Wasser erreicht hatte, hielt er nicht an, wie sonst üblich, wenn ein Igel nur trinken will. Dieser hier ignorierte das Ende des Brettes und lief einfach weiter. Schließlich plumpste er ins tiefe Wasser und – ging unter. Ich stellte mich innerlich schon auf eine Igel-Rettungsmission ein, aber schon zwei Sekunden später tauchte der mit seinen Pfoten wild rudernde Igel wieder auf und schwamm etwas desorientiert erst in die falsche Richtung und dann doch zurück ans Ufer. Ich schätze, so hatte er sich sein erstes Badeabenteuer nicht vorgestellt. Geschickt kletterte er aus dem Wasser und schnaufte ordentlich.

Igel gehen eigentlich eher ungern ins Wasser. Auch unserem kleinen Igel schien das Badeabenteuer nicht besonders gut zu gefallen. Immerhin wurde er bei seiner ersten Schwimmpartie schützend von uns bewacht.

Es wird Herbst

Abschied einer Supermutti

Ab Mitte Oktober leuchteten die Blätter der Bäume in den schönsten Farben. Die Igelkinder waren alle noch da. Auch die zwei Ausreißer waren wieder zurückgekehrt. Wilma selbst vermisste ich jedoch schmerzlich. Seit Ende September fehlte von ihr jede Spur. Johanna, Martin, Peter und ich konnten sie in einer größeren, gezielten Suchaktion nicht finden und auch die aufgestellten Fotofallen zeigten keine Aufnahme von Wilma. Sie war nicht mehr da.

Normalerweise ist die Jungenaufzucht nach sechs Wochen beendet und die Igelmutter überlässt ihren Kindern das Wurfnest. Sie zieht weiter, damit sie selbst keine Nahrungskonkurrenz für ihren Nachwuchs darstellt. Wilmas Ausbleiben war somit nicht ungewöhnlich. Ich hatte dennoch gehofft, dass sie bleiben würde. Es waren doch eigentlich genügend Nahrungstiere und Unterschlüpfe für alle da. Aber Wilma wusste es wohl besser. Sie war eben eine Supermutti.

Zugefüttert

In Johanna Lippkes Garten waren den ganzen Oktober über noch jede Menge Insekten zu finden. Ende des Monats begann sie mit der herbstlichen Zufütterung. Diesen Luxus nahmen die Igel sehr gerne an. Sie verputzten alles, was Johanna in ihre Futterschüssel füllte. Der Igelendspurt vor dem Winterschlaf hatte also begonnen.

Ich richtete meine Wildtierkamera direkt auf das Futterhaus. Und siehe da, nicht nur drei kleine dicke Igel kamen täglich an die Futterbar. Neben sechs verschiedenen Katzen, zwei Mardern und einem Fuchs hatten noch zwei fremde Igel die Fotofalle ausgelöst. Ob Wilma eventuell darunter war, konnte ich aufgrund der etwas unscharfen Nachtsichtbilder nicht genau erkennen. Einer der Igel, den die Kamera abgelichtet hatte, war jedenfalls noch recht klein. Ich hoffte sehr, dass ihm unsere Futterspende helfen würde, vor dem Winter noch etwas an Gewicht zuzulegen.

Unsere drei kleinen Schützlinge hatten rechtzeitig gute Reserven angesetzt. Doch ein weiteres kleines Igelkind hatte meine Aufmerksamkeit erregt. So ging das Igeljahr auch für mich wieder von vorne los.

Endspurt

Die drei Igelkinder waren jetzt im November schon ziemlich groß geworden und man konnte sie kaum noch voneinander unterscheiden. Zusammen waren sie nur noch selten zu sehen. In der zweiten Novemberwoche gab es erstmals Bodenfrost und die Futterstelle blieb unberührt. »Schlafen die Igel jetzt?«, fragte mich Johanna. Vielleicht, vielleicht auch nicht. Manche Igel nutzen diesen ersten Kälteeinbruch, um einzuschlafen. Andere harren in ihrem Versteck aus, bis das Wetter wieder besser wird. Sie kommen dann erneut zur Futterstelle. Und genauso war es in unserem Fall. Die Aufnahmen meiner Wildtierkamera zeigten jetzt nur noch einen Igel. Allerdings war das keiner von Wilmas Kindern, sondern der kleine Kümmerling, der mir bereits eine Woche zuvor aufgefallen war. Wilmas Kinder schliefen bereits. Ich vermutete, dass eines der Igelkinder im Wurfnest überwinterte und die anderen beiden im Komposthaufen schliefen.

Es geht wieder los

Gerade einen Tag, nachdem ich mir die Aufnahmen der Fotofalle bei Johanna angesehen hatte, rief sie mich in der Arbeit an: »Martina, der kleine Igel sitzt gerade auf meiner Terrasse und schaut mich an!« »Pack ihn warm ein, ich komm nach der Arbeit zu dir«, antwortete ich ihr. Tagaktivität von Jungigeln, auch im Spätherbst, ist kein normales Verhalten und deutet immer auf eine Notlage des Tieres hin. Die Zufütterung allein hilft ihm jetzt nicht mehr. Der kleine Igel braucht uns. Das Igeljahr geht für Naturschützer eben doch nie zu Ende.

Weiterführende Literatur

Boomgaarden/Oftring/Olling: Natur sucht Garten, Ulmer Verlag 2011
Günzel, Wolf Richard: Der igelfreundliche Garten, pala Verlag 2008
LBV Broschüre: Naturparadies Garten – Anlegen, Nutzen, Schützen
LBV-Broschüre: Igel im Garten. Tipps und Aktionen 2015
Neumeier, Monika: Igel im Garten, Kosmos Verlag 2014
Niethammer, Krapp: Handbuch der Säugetiere Europas, Aula-Verlag Wiesbaden 2006
Wrobbel, Tanja: Igel in der Tierarztpraxis von Pro Igel e.V. 2015

Projekthomepage: www.igel-in-bayern.de

Dankeschön

Dieses Buch gäbe es nicht ohne den Landesbund für Vogelschutz. Mein größter Dank geht deshalb an alle Kolleginnen und Kollegen. An alle, die immer an dieses Projekt geglaubt und mich unterstützt haben. Dankeschön für euer Vertrauen und für den besten Job der Welt. Besonders bedanken möchte ich mich bei Christiane Geidel für ihre brillanten Zeichnungen sowie Carola Bria und Thomas Rödl für ihre stets aufbauenden Worte. Ihr seid großartig!
Von ganzen Herzen bedanke ich mich bei meiner Familie. Chris, ich danke dir für deine Kraft, dein Verständnis und deine Loyalität. Du hast dich durch die ersten Rohfassungen gekämpft, um mir dann zu sagen, der Text wäre schon ganz toll. Ich danke meinen Kindern Maximilian, Leonhard und Julian – ihr seid die besten Kinder der Welt. Ihr erinnert mich täglich daran, dass ein bisschen Leichtsinn das Leben viel schöner macht. Ich bin sehr stolz auf euch.
Ich danke Martin Seidl und Peter Lippke für ihren großartigen Einsatz und dafür, dass sie es so lange mit mir ausgehalten haben. Durch eure Bilder lebt dieses Buch erst richtig. Ein riesiges Dankeschön geht an Johanna Lippke. Viele Stunden haben Martin, Peter und ich deinen Garten blockiert und manchmal auch etwas umdekoriert. Vielen Dank für die Geduld, den leckeren Kaffee und dein Lächeln. Ich habe mich immer sehr wohl bei dir gefühlt.
Ich danke ebenso allen weiteren Fotografen, von denen wir ein Bild für dieses Buch verwenden durften. Jedes einzelne Foto ist fantastisch auf seine Art.
Ich danke Elena Gabler für ihre großartige Lektoratsarbeit. Die Zusammenarbeit mit dir hat viel Spaß gemacht. Außerdem danke ich den vielen anderen Menschen, die ihre Arbeit in dieses Buch gesteckt haben: Pressemitarbeiter, Verlagsvertreter, Hersteller, Setzer, das Marketing, die Korrekturleser, Buchhändler und Postboten.
Und zuletzt danke ich den vielen Igeln, die wir vor ihrer Auswilderung fotografieren durften.

Über die Autorin

Martina Gehret ist Diplom-Forstingenieurin (FH) und arbeitet in der Landesgeschäftsstelle des LBV (Landesbund für Vogelschutz) in Hilpoltstein. Dort betreut sie im Referat Artenschutz das Citizen-Science-Projekt »Igel in Bayern«. Privat lebt die dreifache Mutter mit Mann, Kindern und Hund südlich von Nürnberg. Wenn sie nicht gerade für den Naturschutz unterwegs ist, findet man sie meistens in ihrem geliebten Garten.

Über die Fotografen

Zusammengefunden haben sich Peter Lippke (rechts) und Martin Seidl (links) über den Sport und die Sportfotografie. Im Fokus der beiden steht die kreative Fotografie, egal ob Naturfotografie, Hochzeit oder Portraits, sie sind immer auf der Suche nach der etwas anderen Sicht der Dinge abseits des Mainstreams. Zusammen sind sie www.fokusfeld.de.

Impressum

Bibliografische Information der Deutschen Nationalbibliothek

Die Deutsche Nationalbibliothek verzeichnet diese Publikation in der Deutschen Nationalbibliografie; detaillierte bibliografische Daten sind im Internet über http://dnb.d-nb.de abrufbar.

BLV Buchverlag GmbH & Co. KG

80636 München

Bildnachweis
Alle Bilder von www.fokusfeld.de, außer:
Dieter Hopf: 74–75, 76 Mitte; Manfred Delpho: 77;
Folkert Christoffers: 78–79, 82; Arndt und Schweiger: 72–73;
Ralph Sturm: 34 Mitte; Dietmar Nill: 24u; Marcus Bosch: 28;
Martina Gehret: 29o, 39 Mitte, 55u, 63u; Carola Bria: 76o
Alle Grafiken von Christiane Geidel; Grafik S. 39 nach
Johannes-Christian Rost in: Neumeier 2014

Umschlagkonzeption: BLV Buchverlag
Umschlagfotos: www.fokusfeld.de
Layoutkonzeption Innenteil: griesbeck design, München

Lektorat: Elena Gabler
Herstellung: Hermann Maxant
DTP: Uhl + Massopust, Aalen

Gedruckt auf chlorfrei gebleichtem Papier

Printed in Germany
ISBN 978-3-8354-1736-6

Hinweis
Das vorliegende Buch wurde sorgfältig erarbeitet. Dennoch erfolgen alle Angaben ohne Gewähr. Weder Autorin noch Verlag können für eventuelle Nachteile oder Schäden, die aus den im Buch vorgestellten Informationen resultieren, eine Haftung übernehmen.